U0105858

東方「魯爾」
再啟航

瀋陽

檀傳寶◎主編　　王小飛◎編著

中華教育

「煬煬」想變「太陽鳥」

像古幣一樣的
方圓大廈

小朋友來看看這張地圖，從地圖上我們能看到瀋陽故宮、「九一八」殘曆碑、方圓大廈、二人轉及瀋陽的標誌——「太陽鳥」。

目錄

清朝皇帝的「老家」

大約在西班牙艦隊航行於海上、英國仍受制於人的時候，東北東部山區崛起一個勇猛的部落，開始對當時的明王朝政權構成巨大威脅。這個部落就是滿族，他們後來統一了全國，並建立了嶄新的大清王朝。瀋陽，當年的盛京，就是滿族人進入北京之前的都城。那裏也有一座大家熟知的宮殿，即瀋陽故宮。

瀋陽是清朝好幾個皇帝的出生之地，因而瀋陽故宮也極具規模。

關外的故宮

皇帝也有想家時

時間撥回到幾百年前，故事的地點為：北京—瀋陽。

大清國的皇帝們「工作」的地點在北京故宮，平日裏忙碌於國家大事，可偶爾也會像常人一樣，想念七百公里以外的「老家」——盛京（今天的瀋陽）。

這裏工作太累了，真想回家了，找找小時候的夥伴們……

入關前的清太祖努爾哈赤、清太宗皇太極就住在盛京。入關後的順治以及後來的皇帝如康熙、雍正、乾隆、嘉慶、道光等，雖然不在此地出生，但也都或長或短地在盛京城有過生活的經歷。在盛京，他們居住的地方就是今天的瀋陽故宮了。

瀋陽故宮

北京、瀋陽為何都有故宮？

瀋陽故宮是清王朝的發跡地。1625年，努爾哈赤將「後金」地方政權的首都由遼陽遷至瀋陽，稱為「盛京」，並於此營造宮殿。到1636年，皇太極乾脆在此登基稱帝，改國號為「大清」。1644年清朝入關後，盛京的故宮仍受到妥善保護。康熙、乾隆、嘉慶、道光皇帝先後十次東巡，均入駐這裏，並舉行盛大慶典。

「七萬人」的東巡路

1682年，農曆二月十五日，康熙皇帝從北京出發，開始了一次回盛京老家的旅行（正式說法叫「東巡」）。

清帝的東巡類似秦、漢的封禪，但規模要大得多。從皇帝、后妃、太子、皇子、親王、貴戚，到官員、太監、宮女、廚子、馬夫、八旗兵等，共約七萬人。每人最少配有一匹馬，一切需用之物，如帳篷、寢具、鍋灶、餐具，都要隨隊一同運輸。無數的車輛、駱駝、騾馬都跟在隊伍後面，還有準備沿途宰殺的千餘頭牛、千餘隻羊和可供隨時擠用鮮奶的七十頭奶牛等，都成羣趕着，跟在大隊的後面。

▼ 清帝東巡祭祖

一路走來，黑山到盛京一段最難走。在那緊急修補的、不算太寬的、土築的御路上，這支浩浩蕩蕩、旌旗招展、拉得足足有二十多里長的隊伍一經過，一時間塵土飛揚，連太陽都看不見了，場景非常壯觀！

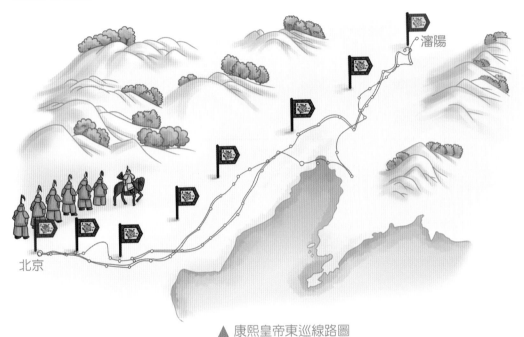

▲ 康熙皇帝東巡線路圖

瀋陽

北京

▶
武
則
天
泰
山
封
禪

封禪，是指中國古代帝王在太平盛世時祭祀天地的大型典禮（「封」為祭天，「禪」為祭地）。遠古及夏商周三代，已有封禪的傳說。明清之前大多祭泰山，之後改為祭祖。

木杆上的烏鴉

回到瀋陽，經過大街小巷，到達故宮。「皇親國戚」們一眼就看到了院落中熟悉的「索倫神杆」和烏鴉，同時也聞到了家鄉熟悉的味道⋯⋯

瀋陽故宮的杆

在滿族聚居的地區，許多人家的院子裏都立有一根高高的木杆子。

這個杆子是為了餵烏鴉、喜鵲而樹立的。在木杆子上面有一個斗，在斗裏裝有豬肉、豬下水（豬內臟）以及米等食物，以此來餵烏鴉和喜鵲。現實生活中，滿族人也理所當然地對烏鴉倍加珍愛，不轟打、不驅趕。

皇帝們居住的瀋陽故宮中也有這種杆。因為杆子上有食物，所以無論是在北京的故宮，還是瀋陽的故宮，皇宮上空總會盤旋着烏鴉。這些烏鴉時而轉圈，時而駐足屋頂，有的甚至還站在旗杆上⋯⋯

這是為甚麼呢？

▲ 瀋陽故宮清寧宮前庭院裏的索倫神杆

▼ 百姓家中的索倫神杆

烏鴉救主

皇宮與烏鴉之間到底有着甚麼樣的神祕關係？這就得從滿族一個流傳很廣的傳說「烏鴉救主」說起，這個故事的主角是清太祖努爾哈赤。

一日，努爾哈赤趁着夜晚逃出了總兵府，李成梁立即派兵去追。努爾哈赤跑得筋疲力盡，終於支持不住，昏了過去。追兵眼看快到了，就在這個時候，天空中飛來了成羣的烏鴉，落在努爾哈赤身上，把他遮蓋起來。追兵沒有發現，努爾哈赤因此獲救。

這就是著名的「烏鴉救主」的故事。

▲ 清兵入關圖

清太祖努爾哈赤姓甚麼

清皇室祖先以神話為名，認為其姓氏「愛新覺羅」原係天賜。但是，由於滿族開始沒有文字，沒能留下原始記錄。因而，清朝開國皇帝努爾哈赤的姓氏一直是歷史之謎，有六種說法：佟、童、崔、雀、覺羅、愛新覺羅。

可汗

努爾哈赤建立後金，自稱蒙語汗號「昆都侖汗」。可汗原意王朝、神靈和上天，類似於漢字的天子。可汗最早出現於3世紀，為鮮卑部落首領的正式稱呼。但最初，這個稱呼只是部落裏老百姓對其首領的尊稱。

烏鴉喝水

　　努爾哈赤在建國稱「汗」（可汗）之後，為了感謝烏鴉救命之恩，奉烏鴉為「神」，並設專門的鴉糧餵養。這也改變了傳統文學作品中烏鴉總是被描述為「不吉利」的象徵。

　　由於定時餵養的習慣，烏鴉因此成為滿族百姓和清代皇宮的「常客」。這也解釋了為甚麼在北京、瀋陽故宮的屋頂上經常會有烏鴉。

海螺號「吹城」

　　在清代，每年的二月、八月，盛京將軍衙門要派人在八門城牆上吹海螺號，俗稱「吹城」。聽到號令聲音，內務府要派人在瀋陽故宮撒放糧穀即「鴉糧」，數以千計的烏鴉從四處飛來，吃飽喝足後就飛走了。

信使烏鴉

　　烏鴉曾經是滿族人的信使。在滿族人早期的狩獵和征戰中，會把孵雛的烏鴉隨軍帶走，這個時候的烏鴉無論走多遠，都會飛回老巢，滿族人把信件繫在烏鴉上帶回。

故宮連線

皇帝們在「老家」建故宮，建得與北京不完全一樣，有一些特別的地方。

世界文化遺產──盛京故宮

建於 17 世紀的瀋陽故宮（當時叫盛京故宮或奉天故宮），有着濃郁的少數民族氣息。與北京故宮在整體佈局上大致一樣，所有的殿、閣、堂的設置都是齊全的。

由於是典型的少數民族建築羣，瀋陽與北京故宮有多處差別，其中修建的地勢、煙囪安置、藏經閣、牌匾的排列、後宮嬪妃的住所分配區別明顯，佔地也只有北京的十二分之一。

▲福陵（東陵──努爾哈赤陵墓）

八旗亭分列宮前，宮殿裏還算開闊。但起居的臥室顯得有點冷清，掛像有些古舊，一面鋪的火炕，齊整的被子，雕着細密花紋的衣櫃、家具，還有燒水的大鍋、各種兵器等。空間比北京的有點狹小，也許只是一種象徵，但「麻雀雖小，五臟俱全」，同樣可以達到眾星拱月、八旗議政的效果。

潘陽故宮坐落在潘陽古城中心，是清代開創者努爾哈赤和皇太極建造使用的宮殿。佔地面積6萬多平方米，共有建築114座，500餘間。現已闢為潘陽故宮博物院，是中國的國家重點文物保護單位。2004年7月，潘陽故宮被聯合國教科文組織列入《世界遺產名錄》。

◀ 潘陽故宮全貌

▲ 宮廷慶典

▲ 昭陵（北陵——皇太極陵墓）

城市攻略——中華大地上的「故宮」

中國歷史上朝代那麼多，建都的地方也很多。除了明清的北京、瀋陽，其他朝代、城市是不是也建有故宮？讓我們一起到地圖上找找答案吧！

攻略 1

各地「故宮」之間的異同及其原因

相同點：中國傳統建築特色；都是皇家或中央政府辦公與居住地或與之相關。

不同點：瀋陽、北京宮殿保存最完整，台北故宮博物館寶物保存最多等；

原因：國家變遷——明清王朝更迭，首都變更；中華人民共和國的成立，國民黨政權遷台帶走主要藏品。

▲ 故宮博物院

攻略 2　連連看

中華大地上的「故宮」

故宮博物院　　　　　修建於清代，又稱盛京故宮

台北故宮博物院　　　修建於明代，明清兩代皇宮

瀋陽故宮　　　　　　修建於明代，是北京故宮的藍本

南京故宮　　　　　　修建於當代

看來故宮不僅僅在北京、瀋陽有，原來在南京、台北等地也有「故宮」。

◀瀋陽故宮

如果按照「故宮」字面意思，即「過去王朝的宮殿」，或君主及其家庭成員辦公和居住的地方，那麼世界其他地方應該也有「故宮」。查查看，下面這些「故宮」來自哪些國家？

_____國薩沃王宮

_____國波茨坦大理石宮

_____國克里姆林宮

_____國盧浮宮

我網上查了，還有

_____

▲南京博物院

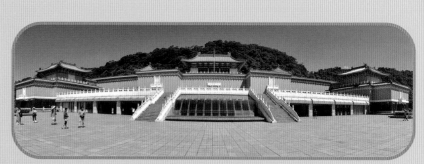

▲台北故宮博物院

「八旗」顏色是甚麼

回到瀋陽老家，皇帝們除了見見小時候的夥伴外，高興起來，沒準會主持一場盛大的八旗軍隊的閱兵儀式，彰顯他的威武和功勞。

瀋陽是皇帝的「老家」，而八旗則是瀋陽的「根」。

我其實叫「神羊」

三羊開泰

盛京城為何後來改為瀋陽，瀋陽的名稱是怎麼來的？

廣州有「五羊開泰」的說法，瀋陽這個地方卻有個「三羊開泰」的說法。這是怎麼回事呢？

▲砍柴少年看見惡狼追趕一隻小羚羊　　　　　▲小羚羊被草纏住，少年砍下惡狼耳朵

▲惡狼逃跑，少年對不肯離去的小羚羊說：
「往後可要小心點，快回家吧！」

▲少年夢到一隻大羚羊和兩隻小羚羊對着太
陽鳴叫。從此以後，這個地方接連幾年風
調雨順

後人就根據這個故事說：三隻羚羊向太陽叫是「三羊開泰」，乃吉祥之兆。他們還認為羚羊是「神羊」，提出把這座城改稱「神羊城」。因為「神羊」與「瀋陽」諧音，後因在瀋水北設了瀋陽衞，也就把「神羊城」叫瀋陽城了。

瀋陽名稱的由來

瀋陽是一座千年古城，遼時叫瀋州，元時叫瀋陽路，1634年，皇太極把它改為盛京，1644年遷都北京後，瀋陽為留都（陪都）。

1657年，因當時奉天府設在盛京城，所以瀋陽還有「奉天」之名。由於瀋陽地處瀋水（渾河）之北，以中國傳統方位論，即「山北為陰，水北為陽」，故改瀋州為瀋陽。

不僅僅是旗幟

清朝皇帝舉行儀式時，八旗兵種齊聚，非常神氣，尤其是高高飄揚的八種不同顏色的旗幟，格外引人注目！

顏色不一的八種旗子

在今天的清宮影視作品中，我們也經常會聽到人們談到「八旗子弟」。八旗真的是八種旗子嗎？如果是，到底是哪八種顏色的旗子？瀋陽作為清王朝的故都，八旗的說法一定可以在此找到「根」。

旗最初源於滿洲（女真）人的狩獵組織，是清代旗人的社會生活軍事組織形式。

正紅旗

正白旗

正藍旗

正黃旗

八旗的顏色

八旗顏色取自金朝的五種顏色——紅、黃、藍、白、黑，後來逐步增加為八色。紅色代表太陽，黃色代表土地，白色代表水，藍色代表天，黑色代表鐵。但是鐵又生於土，有了土就可以不要黑色了。

鑲藍旗

鑲黃旗

鑲紅旗

鑲白旗

14

由盛而衰的「八旗子弟」

「八旗子弟」是甚麼？

八旗子弟是由不同民族共同組成的，
除了滿族、蒙古族和漢族外，還有鄂溫克
族、達斡爾族、錫伯族、朝鮮族及一些維
吾爾族、俄羅斯族等。

八旗子弟正式存在了三百多年，遼闊
的中國版圖許多是由八旗子弟開拓的。但
隨着全國的平定，八旗兵以征服者自居，
日漸失去戰鬥力，成為只坐吃俸祿的紈絝
子弟。「八旗子弟」慢慢演變成負面形象。

正黃旗　　鑲黃旗　　正白旗　　鑲白旗

正藍旗　　鑲藍旗　　正紅旗　　鑲紅旗

▼八旗兵陣

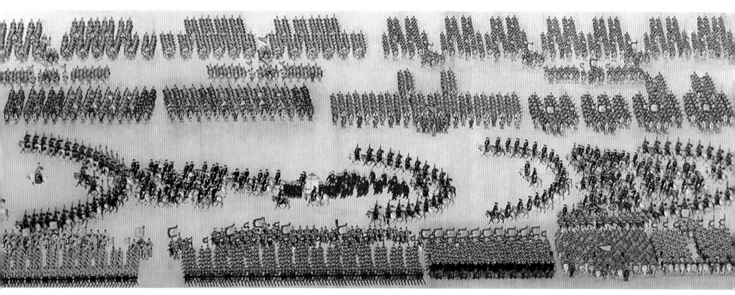

冒煙的旗子

八旗子弟的頹廢狀態，預示了後來各旗的「灰飛煙滅」及清朝的滅亡。中華人民共和國成立以後，遍地的煙囪成為瀋陽工業發展奇跡的「旗幟」象徵，城市也因此號稱「共和國長子」。但這些「或黑或白」的旗子，也成為影響瀋陽形象的代名詞。

共和國長子

作為中國最重要的重工業基地，瀋陽的發展為中國做出了重要貢獻。由於瀋陽人創造的工業成就，瀋陽被譽為「共和國長子」。

最能代表這個長子身份的，無疑就是瀋陽的鐵西區。四十平方公里的範圍裏，曾經集中了上千家國有企業，是中國規模最大、密集度最高的重工業和裝備製造業基地，創造了中華人民共和國工業史上數百個第一。

▲魯爾工業區在德國的位置

德國的魯爾區是典型的傳統工業地域，被稱為「德國工業的心臟」。它地處歐洲的十字路口，又在歐洲經濟最發達的區域內。

19世紀上半葉，魯爾區開始大規模開採煤礦和生產鋼鐵，迅速發展成為世界上最著名的重工業區和最大的傳統工業地域。隨着魯爾區的繁榮，這裏出現了歐洲歷史最悠久的城鎮集聚區，形成了多特蒙德、埃森、杜伊斯堡等著名的工業城市。

戰後，魯爾區又在聯邦德國經濟恢復和經濟起飛中發揮過重大作用，工業產值曾佔全國的40%。

瀋陽冒「煙旗」

20 世紀，瀋陽的發展取得了很大的成就，工業門類達到十多萬個。發展規模倒還真可以與當時甚至更早時期的魯爾區相比。

不過，這些發展上的成功，卻付出了慘重的環境代價。城市裏高高的煙囪都在冒煙，宛如一面面黑、灰、白色的旗子（這種「八旗」可不是好的代表）！

瀋陽要走出衰落，恢復曾經擁有的輝煌，就必須同時向工業污染宣戰。

◀20世紀50年代魯爾與瀋陽

有一段歷史叫「奉天」

　　還記得前面提到過，瀋陽故宮有一段時間被稱為「奉天故宮」嗎？

　　在北京天安門廣場東南處，有一座漂亮的白色建築叫「京奉鐵路前門東站」（現在改造成為中國鐵路博物館）。據說當年從這裏坐火車可以到奉天。

　　讓我們順着通往奉天的鐵軌，尋找瀋陽和奉天之間的一段歷史吧！

▲中國鐵路博物館

奉天府的命運

「奉天承運」奉天府

　　根據歷史資料記載，奉天的名稱來自「奉天承運」之說。清朝曾在瀋陽設立「奉天府」。

　　提到「奉天承運」，一定會想到聖旨。大家在古裝電視劇中經常會看到這一幕：宮廷太監手捧一卷金燦燦的黃綾，宣讀聖旨，往往開頭念出：「奉天承運，皇帝詔曰……」

　　1634 年，皇太極改瀋陽為盛京。1657 年，清廷又以「奉天承運」之意在今瀋陽設奉天府。後來，「奉天」逐漸由原來奉天府名稱擴大到指代瀋陽及遼寧。從此，奉天的名稱一直沿用到 20 世紀初。

見證謊言的鐵軌

1929 年，張學良在「東北易幟」後改「奉天」為「瀋陽」。但這個名字還沒叫兩年，日本發動了「九一八」事變並佔領瀋陽，又將「瀋陽」改為「奉天」。而此時已成為東三省博物館的瀋陽故宮，也被迫改為奉天故宮博物院。

位於奉天的一段鐵軌，見證了一個荒唐的驚天大事件。

▲一百年前位於瀋陽北郊的南滿鐵路　　　　　▲1931年9月18日22時20分，
　　　　　　　　　　　　　　　　　　　　　　日軍炸毀柳條湖段鐵路

▲日軍以此為借口進攻東北軍　　　　　　▲日軍佔領瀋陽

「九一八」小調

1931 年 9 月 18 日當晚，日軍攻佔北大營，次日瀋陽淪陷。

愛國將領張學良的家——大元帥府的輝煌一夜之間消失了。

離「奉天故宮」不遠，大約三百米就能看見一個大的院落，這就是張氏帥府。

▼ 20世紀上半葉，中國的政治變化中，張家父子可以說是風雲人物。奉軍、東北軍、皇姑屯、「九一八」事變、西安事變，國事人事家事交集在一起，大都與那處佔地不大的張氏帥府有關

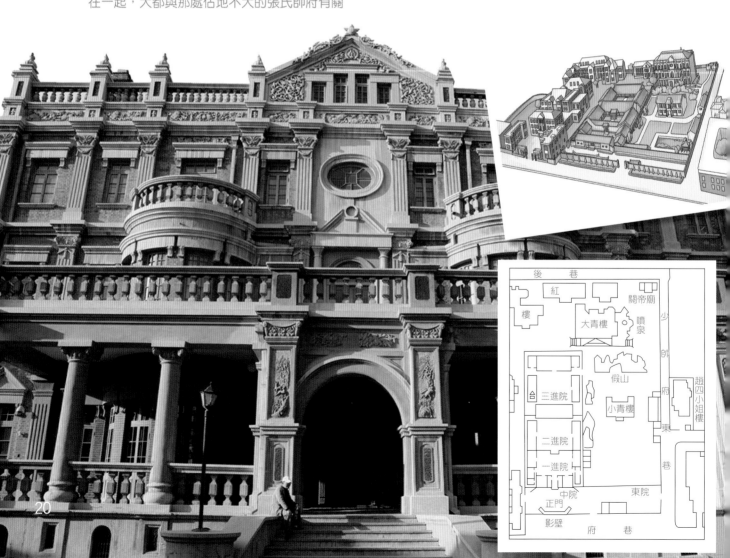

進入「帥府」大廳，但見裏面熙熙攘攘，很是熱鬧，細看之下，這裏竟沒有一個人是真的——全是蠟像。這個場面就是完全復原當年達官貴人在張家銀行存取錢的場景。張家建有自己的私家銀行，足可見他們當時在東北的勢力和影響。

　　「九一八」事變證明，奉天的命運並沒有因為城市的名字而受到上天的「眷顧」。

　　短短 4 個多月內，128 萬平方公里相當於日本國土 3.5 倍的中國東北全部淪陷，3000 多萬同胞成了亡國奴。曾經流傳着這樣一首抗日小調，準確地描述了當時人們的心情。

▲1931年日軍佔領瀋陽

「九一八」小調

（黃自作曲、韋瀚章詞）
九一八，血痕尚未乾，
東三省，國土尚未還，
海可枯，石可爛，
國恥一日未雪，
國民責任未完。

殘曆碑上的時間記憶

　　為了記住這段刻骨銘心的記憶，瀋陽人修建了殘曆碑博物館。殘曆碑上鑴刻的時間，永遠醒目地停留在了1931年9月18日，警告人們勿忘國恥。

　　日本的侵華戰爭使得成千上萬中國百姓流離失所、慘遭殺戮。

▲殘曆碑前的紀念儀式

碳化月餅

　　1932年農曆八月十六，即中秋節的第二天，撫順市平頂山的人們還留有幾塊月餅沒捨得吃完。然而，這一天，日本侵略者製造了駭人聽聞的「平頂山慘案」，三千多人被血腥屠殺，然後放火燒毀罪證。殘留的炭化月餅、手鐲、子彈頭、子彈夾等成為日軍侵華的證據。

731部隊及細菌戰

731部隊是日本侵略軍細菌戰製劑工廠的代號。有研究者認為，超過萬名中國人、朝鮮人，以及聯軍戰俘在731部隊的試驗中被害。日本投降前夕，匆忙撤退，為毀滅罪證將工廠炸毀，大批帶菌動物逃出，曾經給當地人民帶來巨大災難。

西四條街與春日町

19世紀末，西四條街只是瀋陽火車站前一條名不見經傳的小道。1898年，這條街道淪為沙俄租界。1919年，日本侵略者從俄國轉手獲得南滿鐵路。之後，日本強制將鐵路附屬地所有的街道都改用日本名稱。日漸繁華的「西四條街」也屈辱地被冠名為「春日町」。

春日町的歷史到了1945年才有了改變。「八一五」日本無條件投降後，春日町迅速被更名為「太原街」。城市也恢復了「瀋陽」的名稱。

▲西四條街

走唱說唱在瀋陽

　　時間撥回到21世紀：瀋陽城成為幽默、熱心、勇敢的瀋陽人的家。本土RAP（說唱）——二人轉的流行，更成為這種快樂形象的定格。

二人轉大舞台

倒退着出場

　　近些年以二人轉為主打，黑土地上孕育出的個性獨特的東北人形象，是各類喜劇藝術作品中的「常客」，瀋陽則是這類表演的中心舞台。

　　傳說清乾隆年間，山東省連年荒旱，人餓死大半。東昌府青平縣有家農民姓胡，父母雙亡，只剩下兄妹二人，男孩叫胡傻子十三歲，女孩才十歲。兄妹兩個餓得萬般無奈，眼望家鄉，倒退着走出家門，來到關外求生。兄妹倆路上打花鼓，唱春歌，後來演變成一個新的劇種叫「二人轉」。

　　因此二人轉中旦角管丑角叫「傻哥哥」，丑角管旦角叫「老妹子」，上場時倒退着出場。

　　從這個傳說可以看出二人轉與花鼓的關係。花鼓可能是由安

徽傳到山東，再由山東傳到東北的。同時，清末民初出現「闖關東」大潮，大批山東、河北人進入東北。「秧歌打底，蓮花落鑲邊」的二人轉，大概就是「闖關東」的人從關內帶至關外的。

小小手絹飛起來

二人轉的表演形式通常都是一男一女，除正式演出服裝外，男女演員的服裝以花俏、詼諧為主。例如，男演員穿大紅褲子、花鞋，通常表演還要攜帶一些道具。

手絹在過去的表演中佔有很重要的位置，演員經常會使手絹不停旋轉，並輕輕一托使其騰空而起，熟練的表演者可以使拋出的手絹飛回手中。

▲在瀋陽很多地方都可以欣賞二人轉專場表演

▲在全國其他城市,二人轉也頗受歡迎

二人轉的流派

二人轉主要分東、西、南、北四個流派:東路多用「彩棒」,有武打戲助場;西路唱腔,講究節奏和字眼;南路最早使用扇子,歌舞並用;北路唱腔優美,做工細膩。故有「南靠扭、北靠唱、西溝板頭、東要棒」之說。

栩栩如生「麵人湯」

有一位名叫湯麟玉的人，十七八歲時從北京來到瀋陽，以捏麵人為生，後來逐漸扎根瀋陽，開創了一種以戲曲人物為主體形象的民間藝術形式——「麵人湯」。

東北「麵人湯」很出名，並一直與「泥人張」齊名。麵人，俗稱江米人，是一門獨特的民間「絕活」，起源於漢代，演繹到清代才發展成深受民間喜愛的麵塑藝術。

「麵人湯」製作小工廠

準備材料：將精製的麵粉、糯米粉、防腐劑等用開水調合成麵團，在鍋內加溫後，根據需要分別放入各種顏料。

準備工具：主要有竹簽，箔鐵片子，還有剪子等之類的工具。

操作方法：第一步，捏人物的頭部；第二步是製作軀幹；第三步是安胳膊，包括做手。

◀八仙過海

▼麵塑人物

滿城皆是「活雷鋒」

現在一說到東北人，大家都會不約而同地豎起大拇指，稱讚他們的豪爽，就像金庸小說描寫的「大俠」一樣。東北人的這種性格，表現在他們生活中的方方面面。

「活雷鋒」之歌

當年一曲《東北人都是活雷鋒》風靡網絡。這首曲子之所以會流行，既表達了人們對東北人仗義勇為的雷鋒精神的肯定，也表達了一種對美好社會的期待。

在歌曲裏，東北方言生動、形象、直白、幽默的特徵，極具表現力和感染力。這也正反映了東北人豁達、豪爽、樂觀的性格特點。

雷鋒其人

雷鋒原名「雷正興」，湖南長沙人。他多次被評為勞動模範和先進生產者，1960年參加中國人民解放軍並加入中國共產黨，當汽車兵，曾被選為撫順市人大代表。入伍以來，多次立功並受部隊嘉獎。作為一名普通的人民解放軍戰士，雷鋒短暫的一生幫助了無數人，留下了一部《雷鋒日記》。1962年8月15日，雷鋒在遼寧省撫順市，因公殉職，年僅22歲。

《東北人都是活雷鋒》都唱了些甚麼？

▲ 老張開車去東北

▲ 與人撞車，肇事司機逃逸

28

《東北人都是活雷鋒》中，「翠花」要端上的酸菜，就是典型的東北菜。

在瀋陽，我們盡可以吃到各種聞名的東北菜，如「亂燉」「酸菜燉粉條」「大蔥蘸醬」「殺豬菜」等。只要你吃過之後就知道東北菜系的特點，一如東北人的粗獷、豪放。這些小吃，無論名稱，還是「內容」，如同本土的 RAP（說唱）一樣，表面看着、聽着似乎不太精致，不過東西實在，很好吃也很飽人！

▲薰肉大餅

▶殺豬菜

▲一個東北人送他去醫院

▲他與送他的人吃飯喝酒，那人說：「俺們那旮旯（即地方）都是活雷鋒！翠花，上酸菜！」

印象五

衛星上找回的城市

　　和平時代，瀋陽的發展曾飽受污染之苦。治理污染的「旗子」成為現代城市發展的主題。這一狀況也是內地一大批工業城市發展的縮影。在大家的努力下，失去的藍天、白雲正在找回。

鐵西的煙囪變少了

衛星上看不見的城市

　　還記得冒煙的旗子嗎？曾幾何時，這一狀況被多年前衛星的「眼睛」所證實：東北很多工業城市，由於工業污染嚴重，即使從衛星上看，也找不到了。這可遠比煙旗更為嚴重！

　　與瀋陽類似，昔日的魯爾也曾消失於清晰的視野之中，但他們後來通過努力改變了這一狀況。

魯爾的產業遺產保護

　　20世紀六七十年代，許多過去作為經濟支柱的工業基地不再輝煌，德國魯爾工業區也遭受了如此命運。

　　七八十年代以來，一種新的文化遺產觀念出現，認為產業遺產也是人類進程的歷史見證。德國人沒有采取大拆大建的「除鏽」行動，而是將這裏大片的產業基地保存了下來。

　　歷經十餘年的改造振興，這個破敗的大型工業區神奇地轉變成了全新概念的現代生活空間，也解釋了甚麼是「化腐朽為神奇」的德國魯爾工業區改造。德國魯爾工業區最後還進入了聯合國教科文組織公佈的《世界遺產名錄》。

瀋陽解決環境污染問題，經歷過反復和曲折，但最終以少於西方的治理時間，獲得了初步的效果。

▼今日瀋陽

▲昨日瀋陽

新時代的「工業航母」

從1986年到2002年，國家先後投入了240億元資金拯救鐵西工業，但都成績不大。2002年6月18日，是一個可以載入中國工業發展史冊的日子。當天，瀋陽市成立鐵西新區，將老鐵西區與瀋陽技術開發區合併，鐵西新區聚集了全市70%以上的工業固定資產、70%以上的大中型企業、65%的產值、70%的利稅，堪稱新時代的「工業航母」。

瀋陽人抓住了振興東北的大好機遇，用幾年的時間，完成了法國洛林、德國魯爾幾十年甚至上百年才完成的產業升級和改造，成為中國老工業基地改造的典範。

新的鐵西煙囪少了，天變藍了……相信今天的衛星一定可以重新發現它！

▲新型工業

2009年6月11日，聯合國環境規劃署將瀋陽市列為「聯合國生態示範城」。瀋陽也是中國唯一入選該項目的城市。

喜歡藍天的「陽陽」

　　2006 年，瀋陽舉行了世界園藝博覽會。「陽陽」是 2006 年世界園藝博覽會的吉祥物，代表了新瀋陽的期待和希望，是藍天、白雲和綠水「被找回」的象徵。

　　世博園的舉辦是老工業基地「重生」的重要代表。博覽會位於風景秀麗的瀋陽棋盤山國際風景旅遊開發區，佔地 246 公頃，園內建有 53 個國內展園，23 個國際展園和 24 個專類展園。奧運會（足球賽場）、全運會的舉辦，更讓瀋陽的朋友遍天下。

　　雖比不上北京的恢宏氣派，也難見上海的洋氣，甚至連杭州的婉轉蔥翠也比不上，但瀋陽究竟有皇家氣派，粗獷坦蕩的風格裏有北方的自信和倔強。瀋陽的美，是粗線條的勾勒。許多直而方正的佈局，有着男子漢的氣概！

▼ 瀋陽世博園

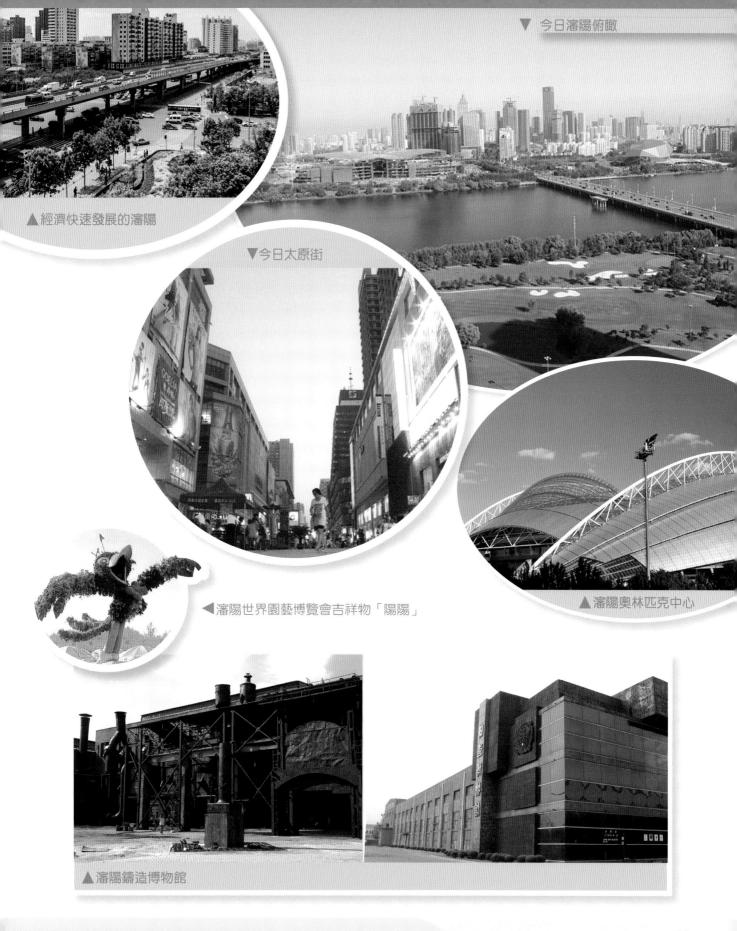

▼ 今日瀋陽俯瞰

▲ 經濟快速發展的瀋陽

▼ 今日太原街

◀ 瀋陽世界園藝博覽會吉祥物「陽陽」

▲ 瀋陽奧林匹克中心

▲ 瀋陽鑄造博物館

城市祕籍——印象東北

遼闊富饒的東北三省，每一座城市不僅有自己的特色工業，而且也有着別樣的風光和味道。

▶長春第一汽車製造廠

請在表上寫出你想去東北城市景點及對城市的印象。

城市	瀋陽	大連	哈爾濱	長春
我想去的景點				
城市印象				

▶哈爾濱雪雕藝術博覽會

▲大慶秋季季油田景觀

我心目中的東北人

東北人有着鮮明的性格特徵，請看下圖，選出你喜歡的東北人形象，寫下你選擇的原因和想法吧！

No.1

二人轉

推薦原因：

★★★★★

受歡迎程度：

No.2

「麵人湯」

推薦原因：

受歡迎程度：

最受歡迎的東北文化象徵：

最受歡迎的東北文化象徵評選會開始了，請根據你搜集的資料完成上面的推薦表吧！

No.3

你的推薦

受歡迎程度：

▲大連

我的家在中國・城市之旅 ⑤

東方「魯爾」再啟航 | 瀋陽

檀傳寶◎主編　王小飛◎編著

責任編輯：楊安琪

裝幀設計：龐雅美

排　版：龐雅美　鄧佩儀

印　務：劉漢舉

出版 / 中華教育

香港北角英皇道 499 號北角工業大廈 1 樓 B

電話：（852）2137 2338

傳真：（852）2713 8202

電子郵件：info@chunghwabook.com.hk

網址：https://www.chunghwabook.com.hk/

發行 / 香港聯合書刊物流有限公司

香港新界荃灣德士古道 220-248 號

荃灣工業中心 16 樓

電話：（852）2150 2100

傳真：（852）2407 3062

電子郵件：info@suplogistics.com.hk

印刷 / 美雅印刷製本有限公司

香港觀塘榮業街 6 號

海濱工業大廈 4 樓 A 室

版次 / 2021 年 3 月第 1 版第 1 次印刷

©2021 中華教育

規格 / 16 開（265 mm x 210 mm）